Jannah Firdaus Mediapro Publishing

2021

Tanaman Pepohonan Pencegah Pergeseran Tanah Dan Memperkuat Struktur Tanah

Edisi Bilingual

by

Jannah Firdaus Mediapro

2021

Pepohonan Pencegah Pergeseran Tanah Dan
Memperkuat Struktur Tanah Edisi Bilingual

Pendahuluan

Pergeseran Tanah adalah perpindahan massa tanah atau batuan pada arah tegak, mendatar atau miring dari kedudukan semula, termasuk juga deformasi lambat atau jangka panjang dari suatu lereng yang biasa disebut rayapan (creep).

Karnawati (2005) menjelaskan penyebab terjadinya gerakan tanah dipengaruhi oleh dua faktor, yaitu faktor pengontrol dan faktor pemicu.

Faktor pengontrol merupakan faktor yang menyebabkan tebing atau lereng rentan bergerak, sedangkan faktor pemicu merupakan faktor yang menyebabkan lereng atau tebing yang rentan bergerak menjadi keadan kritis dan akhirnya bergerak.

Faktor pengontrol terdiri atas kondisi geomorfologi, kondisi stratigrafi (jenis batuan/tanah), kondisi struktur geologi, kondisi hidrologi dan kondisi tata guna lahan.

Sedangkan faktor pemicu gerakan tanah dapat melalui proses alamiah, proses non-alamiah atau keduanya. Secara umum, gangguan tanah dapat berupa hujan, getaran, dan aktivitas manusia. (Putra & Ismail, 2015)

Gerakan tanah yang dipicu hujan biasanya memiliki curah hujan tertentu dan berlangsung selama periode tertentu. Daerah yang mengalami curah hujan yang tinggi memicu longsor pada lereng tanah yang mudah menyerap air.

Sedangkan, pada daerah yang mengalami curah hujan sedang namun berlangsung dalam periode yang lama memicu longsor pada lereng tanah kedap air. (Pramumijoyo & Karnawati, 2006)

Selanjutnya, getaran pada tanah berpengaruh dalam menambah gaya gerak tanah serta mengurangi gaya penahan pada tanah lereng. Selain itu, aktivitas manusia juga menjadi faktor pemicu gerakan tanah. Pembukaan lahan secara sembarang, pemotongan tebing, dan penanaman pohon dengan jenis yang terlalu berat dapat meningkatkan potensi bergeraknya tanah. (Pramumijoyo & Karnawati, 2006)

Berdasarkan penelitian Yusmardan, Nazli, dan Faisal di Kabupaten Aceh Tengah, Provinsi Aceh menunjukkan bahwa salah satu faktor dari terjadinya gerakan tanah yaitu faktor curah hujan.

Dimana klasifikasi faktor curah hujan dibagi menjadi 6 klasifikasi berdasarkan curah hujan tahunan dalam satuan mm/tahun.

Banyaknya gerakan tanah yang terjadi pada curah hujan 2500 sampai 4500 mm/tahun mengindikasikan bahwa semakin sering terjadinya hujan akan menambah beban di dalam batuan atau tanah yang dapat mengakibatkan terjadinya gerakan tanah.

Adapula penelitian yang dilakukan oleh Wahyu, Andri, dan Hana pada tahun 2018 di Wilayah Kabupaten Wonogiri.

Pada wilayah ini terbagi menjadi 4 daerah tingkat kerentanan gerakan tanahnya. Tingkat kerentanan gerakan tanah rendah memiliki luas 1108,615 Ha. (0,596%).

Tingkat kerentanan gerakan tanah sedang memiliki luas terbesar, yakni 136374,163 Ha (73,293%). Daerah wilayah Kabupaten Wonogiri dengan intensitas curah hujan 3000–3.500 (mm/tahun) menjadi salah satu penyebab dari tingkat kerentanan gerakan tanah sedang ini.

Tingkat kerentanan gerakan tanah tinggi memiliki luas 47690,164 Km2 (15.0775%) dan tersebar hampir di seluruh Kabupaten Wonogiri.

Selain curah hujan, kemiringan lereng pun berpengaruh terhadap gerakan tanah, dimana lereng dengan besar kemiringan 15%-25% memiliki tingkat kerentanan sedang dan lereng dengan kemiringan lereng 25%-35% memiliki tingkat kerentanan tinggi. (Darmawan, Suprayogi, & Firdaus, 2018)

Salah satu cara mencegah pergeseran tanah atau tanah yang bergerak adalah dengan menanam tanaman pepohonan yang memiliki akar panjang dan kuat.

Akar tanaman yang panjang sangat bermanfaat untuk memperkuat struktur tanah, mencegah erosi, memperkaya kandungan air dalam tanah dan sekaligus menetralisir pergerakan tanah.

Versi Bahasa Indonesia

Salah satu cara mencegah bencana pergeseran tanah secara alami adalah dengan menanam tanaman pepohonan yang memiliki akar panjang dan kuat karya ciptaan Tuhan Semesta Alam

Akar tanaman yang panjang sangat bermanfaat untuk memperkuat struktur tanah, mencegah erosi, memperkaya kandungan air dalam tanah dan sekaligus menetralisir pergerakan tanah.

1. Rumput Vetiver

Vetiver atau akar wangi adalah sejenis rumput dengan nama latin Chrysophogon Zizaionide. Jarang orang tahu bahwa tanaman vetiver memiliki banyak manfaat yang baik terhadap lingkungan hidup.

Manfaat dari tanaman Vetiver antara lain bagian daunnya dapat bermanfaat menyerap karbon, pakan ternak, mengusir hama, bahan atap rumah, dan bahan dasar kertas.

Pada bagian akarnya bermanfaat mencegah longsor dan banjir, memperbaiki kualitas air, melindungi infrastruktur, menyerap racun, mencegah pergeseran tanah dan menyuburkan tanah.

2. Tanaman Kopi

Kopi tidak sekedar enak diminum dan bernilai ekonomis. Banyak hal baik muncul yang seringkali tidak disadari sebelumnya. Peneliti dari Kementerian Pertanian, menyebutkan bahwa tanaman kopi terbukti efektif mencegah erosi lantaran memiliki tajuk batang berlapis sehingga kopi mampu melindungi tanah dari tetesan air hujan langsung dan mencegah pergerakan tanah.

Pohon kopi juga pandai mengikat tanah karena memiliki akar tunggang yang menghujam ke tanah hingga kedalaman 3 meter. Selain itu pohon kopi juga memiliki akar lateral sepanjang 2 meter.

"Run off (laju air di atas permukaan tanah) vegetasi tanaman kopi tidak jauh berbeda dengan run off hutan. Urutan persentase run off beberapa vegetasi adalah sebagai berikut : tanah terbuka mencapai 60 persen, lahan rumput 18 persen, kebun kopi 3 persen, dan hutan 2,5 persen,

Lantaran fungsinya yang beragam, kini tak sedikit warga yang gemar menanam kopi. Sri mengatakan saat ini sebagian besar warga yang tinggal di Gunung Halu, Sidangkerta, Kabupaten Bandung Barat, Jawa Barat yang notabene memiliki kontur tanah bertebing telah lebih memilih tanaman kopi untuk di budidayakan ketimbang sayur-mayur.

Alasannya selain memiliki nilai jual tinggi, tanaman kopi juga dapat membantu menjaga lingkungan agar tetap asri dan terhindar dari bencana alam seperti tanah longsor. Peneliti dari Kementarian Pertanian juga menyarankan untuk memulihkan lahan kritis bisa diawali dengan menanam tanaman kopi disertai tanaman pelindung.

3. Pohon Beringin

Pohon beringin atau dalam bahasa Latin-nya ficus spp merupakan marga terbesar dari famili moraceae, banyak dijumpai di Indonesia, baik di dataran tinggi maupun di dataran rendah. Tingginya bisa mencapai 35 m. Tumbuh di tanah dan ada yang bersifat hemiepifit (parasit pada tanaman lain).

Beringin memiliki beberapa kelebihan, seperti mampu hidup dan beradaptasi dengan bagus pada berbagai kondisi lingkungan, umurnya panjang hingga ratusan tahun, juga memiliki kemampuan sebagai tanaman konservasi mata air dan penguat lereng alami. Beringin memiliki struktur perakaran yang dalam dan akar lateral yang mencengkeram tanah dengan baik. Satu lagi, beringin juga mampu menyerap polusi CO_2 dan timbel di udara.

Karena kelebihan yang dimilikinya, beringin memiliki peranan cukup penting pada proses pembangunan kawasan hutan lindung di kawasan hutan produksi. Beringin memiliki nilai hidrologis, ekologis, budaya, religi, dan keamanan kawasan hutan.

Sehingga dalam pembangunan hutan lindung, beringin harus dimasukkan sebagai tanaman yang perlu dikayakan. Pengayaan beringin akan mempercepat proses suksesi kawanan hutan untuk mencapai kondisi klimaks. Proses penyebaran beringin dapat secara alami. Biasanya dilakukan satwa liar yang memakan bijinya. Namun, bisa juga dilakukan dengan menyemai biji atau stek batang.

Beringin adalah tanaman yang struktur akarnya dalam. Akar lateral atau bagian sisi mencengkeram tanah dengan baik. Beringin mampu menyimpan cadangan air pada musim penghujan dan mengeluarkannya pada musim kemarau secara teratur. Tak heran, jika ada beringin berarti ada sumber air. Perakaran beringin yang dalam dan kuat pun sangat efektif sebagai penahan erosi tanah dan mencegah pergerakan tanah.

4. Pohon Bambu

Tanaman bambu masih tergolong keluarga Graminae (rumput-rumputan) atau disebut giant grass (rumput raksasa), berumpun, dan terdiri dari sejumlah batang (buluh) yang tumbuh dengan bertahap, dari mulai rebung, batang muda, dan sesudah dewasa pada umur 4–5 tahun.

Akar bambu berada dalam tanah membentuk sistem percabangan. Bagian pangkal rimpang lebih sempit dari bagian ujungnya dan setiap ruas mempunyai kuncup dan akar. Bagian kuncup pada akar tersebut akan membentuk rebung, yang akan memanjang dan akhirnya akan membentuk bulu. Batang bambu berbentuk silindris, berbuku-buku, beruas-ruas berongga, berdinding keras, dan pada setiap buku memiliki tunas atau cabang.

Tinggi tanaman berkisar 0,3–30 meter, batang berdiameter 0,25–25 cm dan memiliki ketebalan dinding sampai 25 mm. Daun bambu berwarna hijau muda kekuning-kuningan, berbentuk lanset, bagian ujung meruncing, bagian pangkal daun tumpul, bagian tepi daun merata dan daging daun tipis, serta pertulangan daun sejajar dan memiliki permukaan yang kasar dan berbulu halus.

Tumbuhan bambu memiliki banyak manfaat bagi kehidupan manusia. Semua bagian pada bambu dapat dimanfaatkan, mulai dari akar, batang bambu, daun, kelopak, dan rebungnya. Batang bambu adalah bagian yang paling banyak digunakan untuk berbagai macam barang keperluan sehari-hari diantaranya sebagai bahan bangunan (kontruksi), transportasi, pembuatan alat musik (seperti angklung), kerajinan rumah tangga, ornamen dan kuliner (rebung), serta sebagai bahan pengobatan alami.

Penanaman bambu mampu mencegah agar sumber mata air tidak hilang karena tanaman ini mampu mengonservasi air. "Batangnya dapat menghisap dan menampung air karena bersifat kapiler, sehingga air dapat dialirkan ke bawah dan menimbulkan mata air saat musim kemarau.

5. Pohon Kelapa

Pohon kelapa merupakan salah satu jenis palem yang memiliki nama ilmiah Cocos nucifera. Kerap tumbuh di sepanjang tepi pantai.

Wajar bila kemudian pohon sangat mudah ditemukan di Indonesia, mengingat sebagai negara dengan garis pantai terpanjang ketiga di dunia.

Selain itu, kelapa merupakan salah satu jenis tanaman serba guna dan memiliki nilai ekonomis yang tinggi. Seluruh bagian pohon kepala dapat memberikan manfaat bagi manusia mulai dari akar hingga bagian daun dan tentu juga buahnya.

Siapa sangka akar kelapa bukan hanya bermanfaat bagi kehidupan sehari-hari untuk mencegah abrasi, mencegah banjir, pemecah gelombang pantai, mencegah tanah bergerak.

Dan juga bisa dimanfaatkan untuk kerajinan tangan dan sebagai bahan pengganti kayu bakar.

Namun, akar kelapa juga membawa banyak manfaat untuk kesehatan tubuh salah satunya dapat meredakan demam dan mencegah diare.

6. Pohon Akasia

Tanaman ini mungkin sedikit asing di telinga kita. kayu Akasia sering digunakan untuk kerajinan dan keperluan bahan industri mebel.

Akasia merupakan tumbuhan yang berakar tunggang dengan warna keputihan kotor hingga kecoklatan dengan panjang 5 hingga 10 meter lebih.

Akar dari pohon ini juga mampu mencapai kedalaman 3 hingga 5 meter sangat bermanfaat untuk mencegah erosi, memperkuat struktur tanah serta menetralisir pergerakan tanah.

Batang pohon dari Akasia berbentuk bulat memanjang dengan diameter berkisar antara 10 hingga 20 centimeter lebih.

Kemudian, batang pohon ini juga memiliki permukaan yang kasar dan berduri tajam. Batangnya, diperkirakan dapat mencapai ketinggian antara 15 hingga 20 meter.

7. Pohon Melinjo

Pohon melinjo memiliki akar tunggang yang merayap kepermukaan dengan warna kecoklatan hingga abu-abu gelap.

Akar dari pohon melinjo mampu menembus tanah dengan kedalaman 3 Meter hingga 5 meter bahkan lebih cocok untuk mencegah erosi, menstabilkan pergerakan tanah dan memperkaya kandungan air di dalam tanah.

Bentuk Akar tersebut di atas sangat berguna bagi kehidupan pohon melinjo. Akar tersebut bermanfaat untuk menyokong pohon agar lebih kuat dan mampu menyerap unsur air dalam tanah lebih banyak.

Batang pohon melinjo berbentuk bulan memanjang. Diameter dari pohon ini mampu mencapai hingga 20 centimeter bahkan lebih.

Tumbuh tegak dengan panjang mencapai 20 meter, tanaman ini memiliki batang merata. Batang dari pohon ini juga memiliki percabangan monopodial yaitu batang cabang yang besar dan panjang.

Versi Bahasa Sunda

Hiji cara pikeun nyegah angkutan alihan lahan nyaéta melak tangkal anu parantos panjang sareng rusak.

Akarum tutuwuhan panjang pisan kanggo ngadukung struktur taneuh, nyegah érosi, sacara komposisi cai dina taneuh sareng dina wé anu sami.

Pepohonan Pencegah Pergeseran Tanah Dan Memperkuat Struktur Tanah Edisi Bilingual

1. Jukut Vetiver

Vetiver atanapi vetiver mangrupikeun jinis jukut kalayan nami Latin Chrysophogon Zizaionide. Sababaraha jalma terang yén pepelakan vetiver ngagaduhan seueur manpaat anu hadé pikeun lingkungan.

Mangpaat tutuwuhan Vetiver kalebet daun na tiasa manpaat pikeun nyerep karbon, pakan ternak, ngusir hama, bahan hateup, sareng bahan berbasis kertas.

Akarna gunana pikeun nyegah longsor sareng banjir, ningkatkeun kualitas cai, ngajagi infrastruktur, nyerep racun, nyegah pergeseran taneuh sareng pupuk taneuh.

2. Tutuwuhan Kopi

Kopi henteu ngan ukur saé kanggo diinum sareng ngagaduhan nilai ékonomi. Seueur hal-hal saé muncul anu sering henteu sadar sateuacanna.

Panaliti ti Menteri Pertanian nyatakeun yén pepelakan kopi parantos kabuktosan épéktip dina nyegah erosi sabab ngagaduhan makuta gagang berlapis sahingga kopi tiasa ngajagaan taneuh tina langsung hujan sareng nyegah gerak taneuh.

Tangkal kopi ogé saé pikeun ngabeungkeut taneuh sabab ngagaduhan akar tangka anu terjun kana taneuh dugi ka jerona 3 méter. Salaku tambahan, tangkal kopi ogé ngagaduhan akar gurat salami 2 méter.

"Kabur (tingkat cai di luhur taneuh) pepelakan kopi henteu benten jauh sareng kabur leuweung.

Urutan ngajalankeun perséntase tina sababaraha vegetasi nyaéta kieu: lahan terbuka ngahontal 60 persén, lahan jukut 18 persén, kebon kopi 3 persén, sareng leuweung 2,5 persén,

Kusabab rupa fungsina, ayeuna henteu saeutik jalma anu resep melak kopi. Sri nyarios yén ayeuna seuseueurna padumuk anu cicing di Gunung Halu, Sessionkerta, Kabupatén Bandung Barat, Jawa Barat, anu kabeneran aya kontur taneuh taringgul, langkung milih pepelakan kopi dibudidaya tibatan sayuran.

Alesanna nyaéta salain gaduh nilai jual anu luhur, pepelakan kopi ogé tiasa ngabantosan lingkungan anu tetep indah sareng nyegah bencana alam sapertos longsor. Panaliti ti Menteri Pertanian ogé nunjukkeun yén malikkeun lahan kritis tiasa dimimitian ku melak pepelakan kopi sareng pepelakan pelindung.

3. Tangkal Banyan

Tangkal banyan atanapi dina basa Latin ficus spp mangrupikeun genus panggedéna ti kulawarga Moraceae, sering dipendakan di Indonésia, boh di dataran luhur sareng di dataran handap. Jangkungna na tiasa ngahontal 35 m. Tumuh dina taneuh sareng aya sababaraha anu hémiépiphytes (parasit dina pepelakan sanés).

Banyan ngagaduhan sababaraha kaunggulan, sapertos tiasa hirup sareng adaptasi ogé kana sagala rupa kaayaan lingkungan hirup, umur panjang dugi ka ratusan taun, ogé ngagaduhan kamampuan salaku tutuwuhan konservasi spring sareng penguatan lereng alam. Banyan ngagaduhan struktur akar anu jero sareng akar gurat anu cekelan taneuhna saé.

Hiji hal deui, banyan ogé sanggup nyerep CO_2 sareng polusi timah dina hawa.

Kusabab kaunggulanana, banyan ngagaduhan peran anu penting dina prosés ngembangkeun daérah leuweung lindung di daérah produksi leuweung. Banyan ngagaduhan nilai-nilai hidrologis, ékologis, budaya, agama, sareng leuweung.

Janten dina ngembangkeun leuweung lindung, banyan kedah dilebetkeun kana pepelakan anu kedah dikayaan. Pengayaan Banyan bakal ngagancangkeun prosés suksesi kawanan leuweung pikeun ngahontal kaayaan klimaks. Prosés nyebarkeun banyan tiasa lumrah.

Biasana dilakukeun ku sato galak anu ngahakan siki. Nanging, éta ogé tiasa dilakukeun ku cara nyéép siki atanapi stok gagang.

Banyan mangrupikeun pepelakan anu struktur akarna jero. Akar gurat atanapi gurat ngeupeulkeun taneuh kalayan saé. Banyan tiasa nyimpen cadangan cai dina usum hujan sareng ngaleupaskeun dina usum halodo sacara rutin. Teu anéh, upami aya banyan hartosna aya sumber cai.

Akar tina banyan anu jero sareng kuat ogé épéktip salaku panghalang pikeun érosi taneuh sareng nyegah gerak taneuh.

4. Tangkal Awi

Tutuwuhan awi masih aya dina kulawarga Graminae (jukut) atanapi disebat jukut raksasa, digulung sasarengan, sareng diwangun ku sajumlah batang (alang-alang) anu tumuh laun, mimitian ti pucuk awi, batang ngora, sareng saatos déwasa dina yuswa 4- 5 taun.

Akar awi aya dina taneuh ngabentuk sistem cabang. Dasar rhizome langkung sempit tibatan ujung na masing-masing ruas ngagaduhan pucuk sareng akar. Kuncup dina akar ieu bakal ngawangun pucuk awi, anu bakal manjangan sareng akhirna ngawangun bulu. Batang awi bentukna silindris, kalayan simpul, kalayan bagéan kerung, témbok heuras, sareng masing-masing buku ngagaduhan gambar atanapi dahan.

Jangkungna tutuwuhan dibasajankeun 0.3-30 méter, batangna diaméterna 0,25-25 cm sareng kandelna témbok dugi ka 25 mm.

Daun awi warnana héjo semu konéng, bentukna lanceolate, ujung na diruncing, dasar daunna gondong, sisina daunna rata-rata disebarkeun sareng daging daunna ipis, sareng urat daunna sajajar sareng kasar sareng lemes permukaan.

Tutuwuhan awi ngagaduhan seueur manpaat pikeun kahirupan manusa. Sadaya bagian tina awi tiasa dianggo, mimitian ti akar, batang awi, daun, kelopak, sareng pucuk.

Batang awi mangrupikeun bagian anu paling seueur dianggo pikeun sagala rupa jinis kabutuhan sadidinten kalebet bahan bangunan (konstruksi), transportasi, ngadamel alat musik (sapertos angklung), karajinan rumah tangga, ornamén sareng kulinér (pucuk awi), ogé penyembuhan alami bahan-bahan.

Melak awi sanggup nyegah sumber cai tina leungit kusabab pepelakan ieu tiasa ngahémat cai. "Batangna tiasa nyedot sareng nahan cai sabab kapiler, janten cai tiasa ngalir ka handap sareng nyiptakeun sumber cai dina usum halodo.

5. Tangkal Kalapa

Tangkal kalapa mangrupikeun jinis palem anu ngagaduhan nami ilmiah Cocos nucifera. Seringna tumuh di sapanjang basisir.

Alami, maka tangkal gampang pisan didakan di Indonésia, nganggap éta mangrupikeun nagara anu gaduh garis pantai pangpanjangna katilu di dunya.

Salaku tambahan, kalapa mangrupikeun salah sahiji jinis tutuwuhan multiguna sareng ngagaduhan nilai ékonomi anu luhur.

Sadaya bagian tina tangkal sirah tiasa nyayogikeun manpaat pikeun manusa tina akar kana daun sareng tangtosna ogé buahna.

Saha anu nyangka yén akar kalapa henteu ngan ukur kapaké pikeun kahirupan sadidinten pikeun nyegah lecet, nyegah banjir, meupeuskeun ombak basisir, nyegah taneuh tina obah sareng tiasa ogé dianggo pikeun karajinan tangan sareng salaku gaganti kayu bakar.

Nanging, akar kalapa ogé nyayogikeun seueur manpaat kaséhatan, salah sahijina tiasa ngagentos muriang sareng nyegah diare.

6. Tangkal Akasia

Tutuwuhan ieu panginten janten asing pikeun Ceuli. Kayu akasia sering dianggo pikeun karajinan tangan sareng pikeun industri jati.

Akasia mangrupikeun pepelakan anu dibakar ku warna bodas bodas janten coklat semu coklat panjangna 5 dugi 10 meter deui.

Akar tangkal ieu ogé tiasa dugi ka jero 3 dugi 5 méter anu manpaat pisan pikeun nyegah érosi, nguatkeun struktur taneuh sareng netralkeun gerak taneuh.

Batang tangkal Akasia bentukna manjang kalayan diaméterna antara 10 dugi 20 séntiméter langkung.

Teras, batang tangkal ieu ogé ngagaduhan permukaan anu kasar sareng paku anu seukeut.

Batangna, diperkirakeun ngahontal jangkungna antara 15 dugi 20 méter.

7. Tangkal Melinjo

Tangkal melinjo ngagaduhan akar tunjang anu nyusup kana permukaan kalayan warna semu coklat sareng kulawu hideung.

Akar tangkal melinjo tiasa nembus taneuh kalayan jero 3 méter dugi ka 5 méter komo langkung cocog pikeun nyegah érosi, nyaimbangkeun gerakan taneuh sareng ngeuyeuban eusi cai dina taneuh.

Bentuk akar anu disebatkeun di luhur seueur gunana pikeun kahirupan tangkal melinjo. Akar ieu gunana pikeun ngadukung tangkal janten langkung kuat sareng tiasa nyerep seueur cai dina taneuh.

Batang tangkal melinjo bentukna manjang bulan. Diaméter tangkal ieu tiasa dugi ka 20 séntiméter atanapi langkung.

Tumuh jejeg kalayan panjangna dugi ka 20 méter, pepelakan ieu ngagaduhan batang anu rata-rata sebaran. Batang tangkal ieu ogé ngagaduhan dahan monopodial, anu cabangna ageung sareng panjangna.

Daftar Pustaka

Hazen, A. (1920). "Hydraulic fill dams". Transactions of the American Society of Civil Engineers

McGraw-Hill Encyclopedia of Science & Technology, 11th Edition, ISBN 9780071778343

Whittow, John (1984). Dictionary of Physical Geography. London: Penguin, 1984

Dexter, A.R. (June 1988). "Advances in characterization of soil structure". Soil and Tillage Research.

Logsdon, Sally; Berli, Markus; Horn, Rainer (January 2013). "Front Matter". Quantifying and Modeling Soil Structure Dynamics. Advances in Agricultural Systems Modeling. ISBN 978-0-89118-957-2

Gohau, Gabriel (1990). A history of geology. New Brunswick: Rutgers University Press. ISBN 978-0-8135-1666-0.